意大利石松
欧洲云杉
北美乔松
油杉
日本金松
巨杉
单叶果松
赤松
日本琉球松
巴尔干松
水杉
日本落叶松
偃松
刚松
黑松
湿地松
欧洲赤松
红松

欧洲黑松

日本黄杉

花旗松

杉木球果

盛口满 大自然太有趣啦

带翅膀的小松球

[日] 盛口满 著/绘　郭昱 译　秦爱丽 审

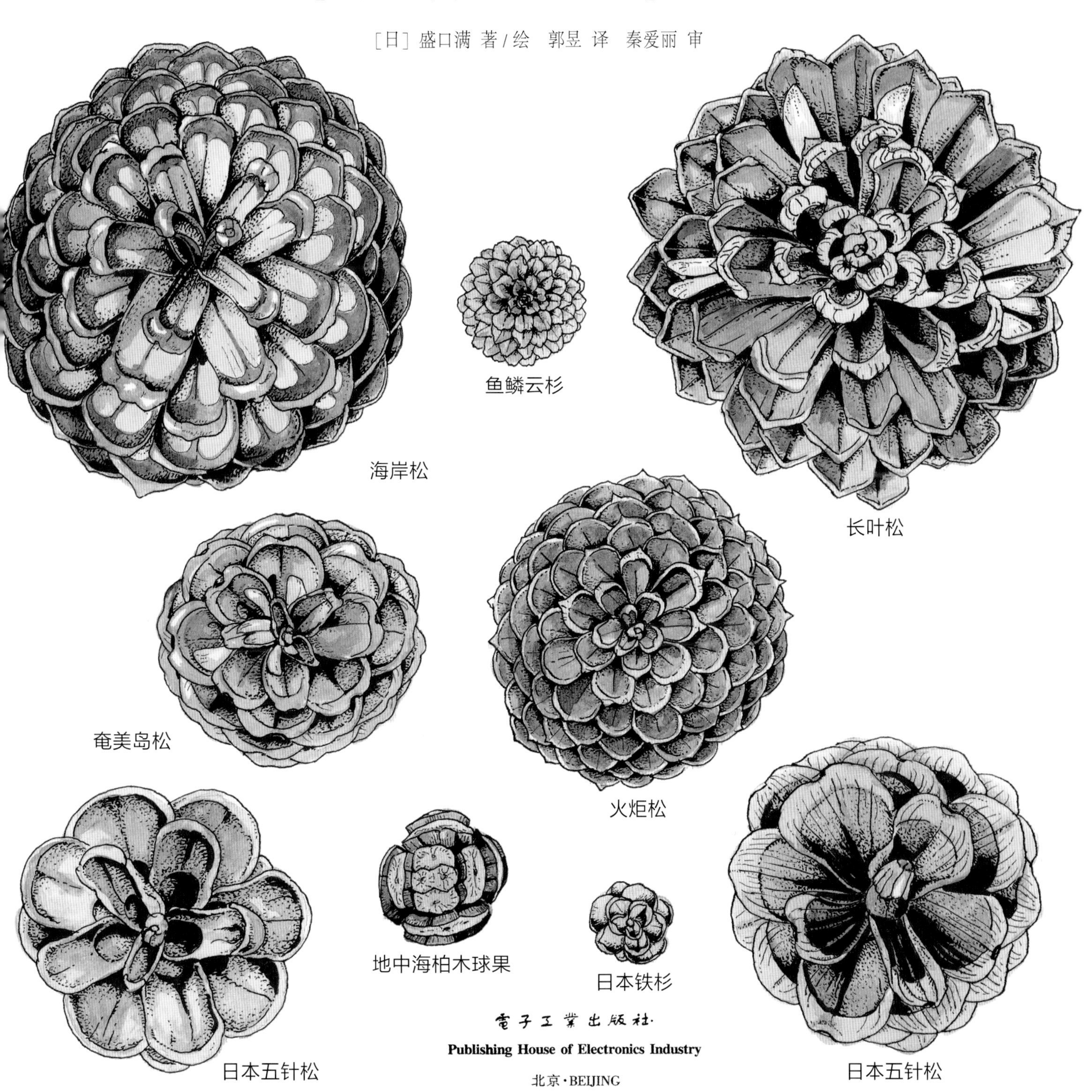

電子工業出版社
Publishing House of Electronics Industry
北京·BEIJING

各种各样的松球

松球种类繁多，有着各式各样的形态。

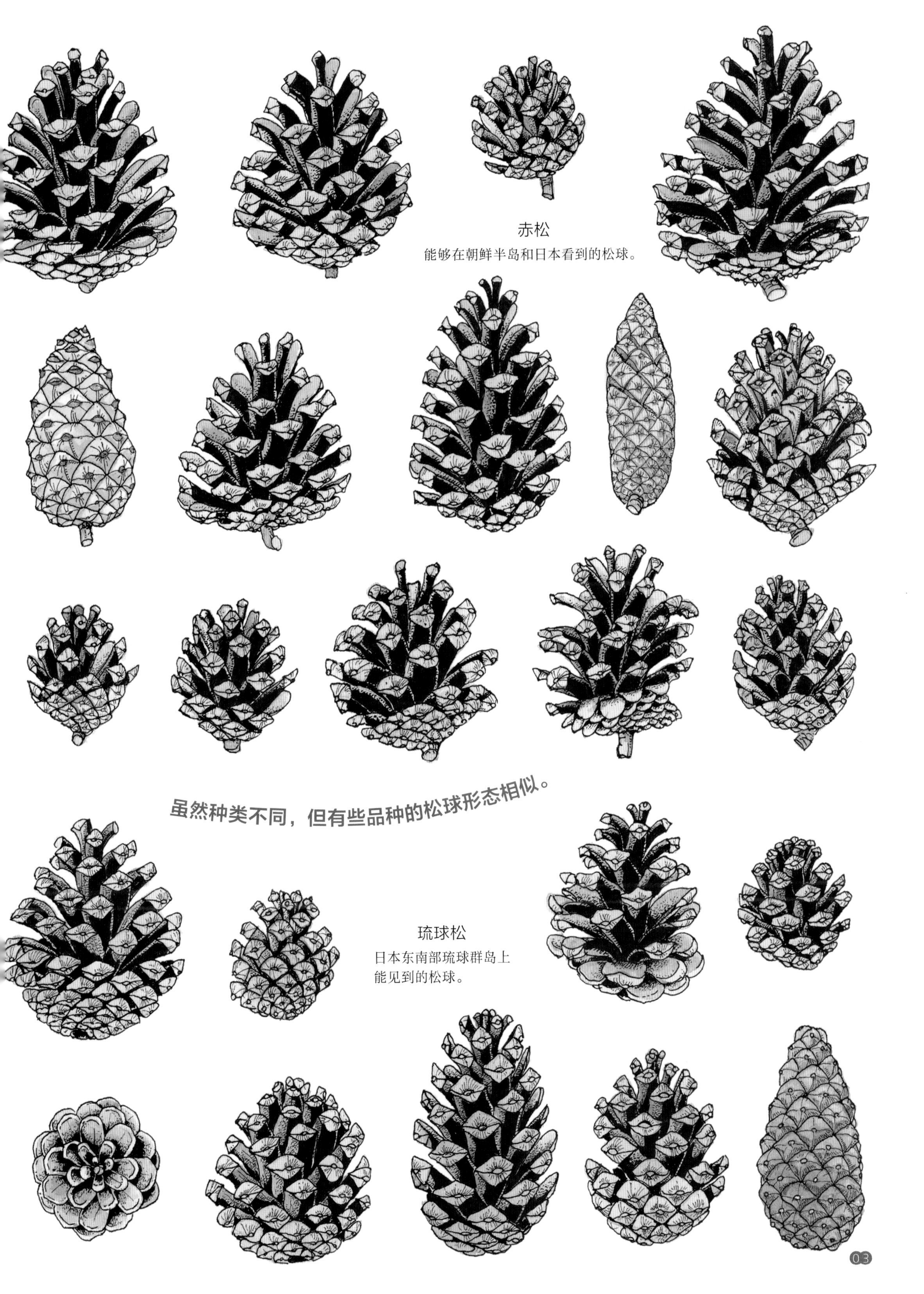
赤松
能够在朝鲜半岛和日本看到的松球。
虽然种类不同，但有些品种的松球形态相似。
琉球松
日本东南部琉球群岛上
能见到的松球。

小松球 有的松球小小的。

上：日本铁杉 来自日本本州岛至屋久岛的山地。

下：加拿大铁杉 来自美国西北部至加拿大西部。

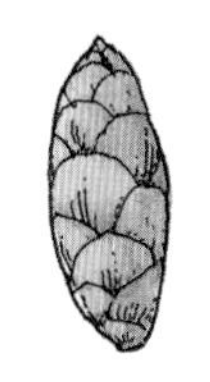

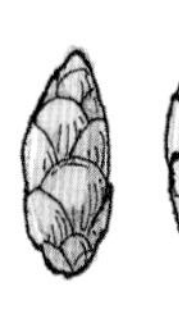

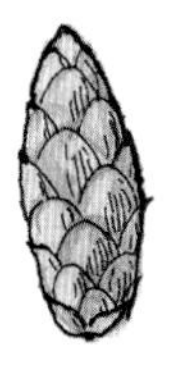
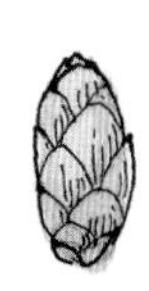

大松球 有的松球大大的。
火炬松
原产北美东南部。
在中国部分城市有栽培。
长叶松
原产美国东南部。
在国内的福建、江苏、浙江
等地有种植。

圆圆的松球　长条的松球

有的松球圆圆的，也有的松球是长条形的。

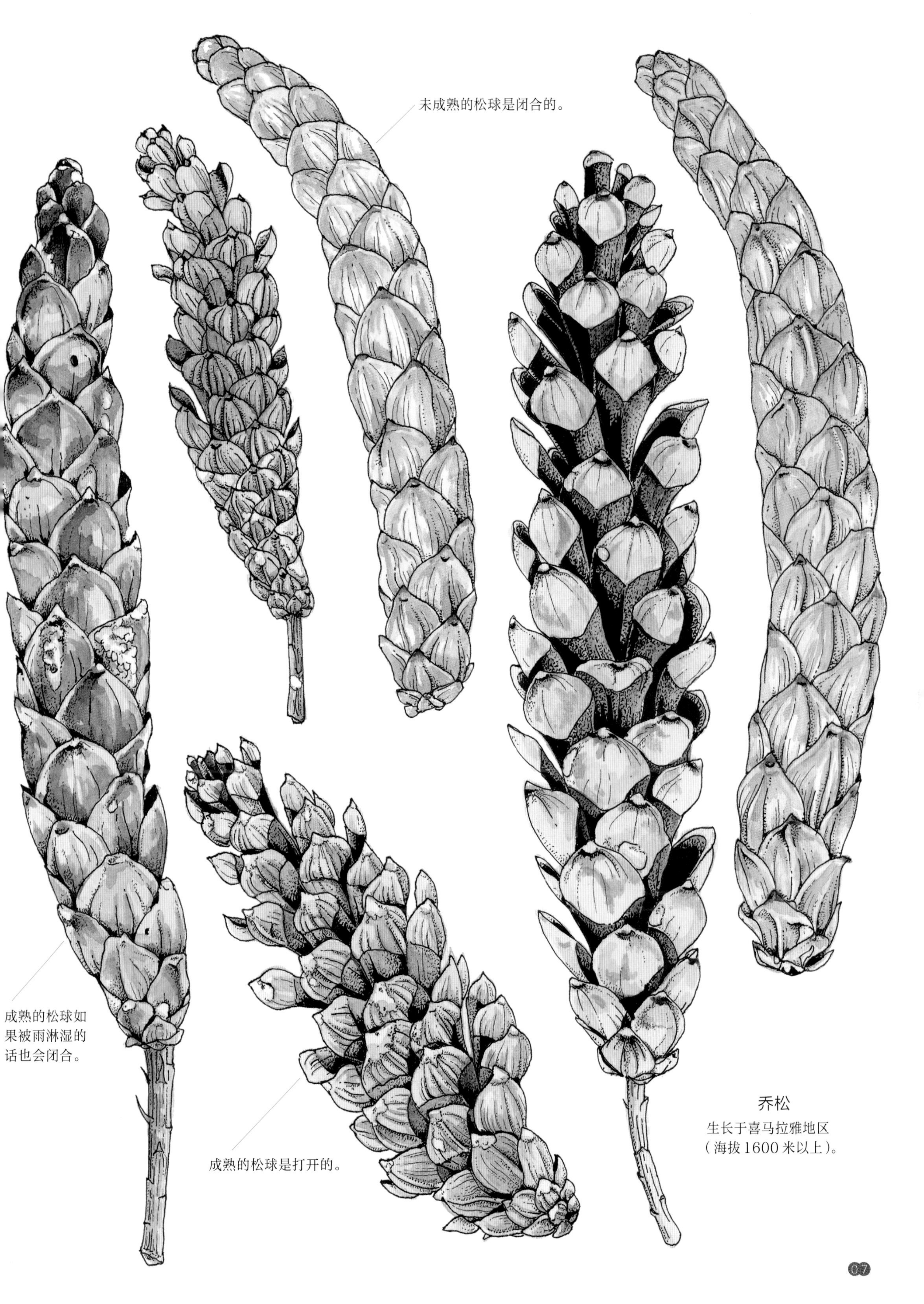
未成熟的松球是闭合的。
成熟的松球如
果被雨淋湿的
话也会闭合。
成熟的松球是打开的。
乔松
生长于喜马拉雅地区
（海拔1600米以上）。

奇特的松球

有些松球不只是细长形，它们的外观看起来有些奇特。

糖松
主要分布于加利福尼亚的山区。
曾有超过 60 厘米的长度记录。

近亲的球果
松树的近亲也会结球果。
（松树以外的针叶树的各种球果）
水杉
巨杉
日本金
真柏
北美红杉
落羽杉

日本扁柏
日本柳杉
侧柏
台湾肖楠
地中海柏木
福州杉
杉木

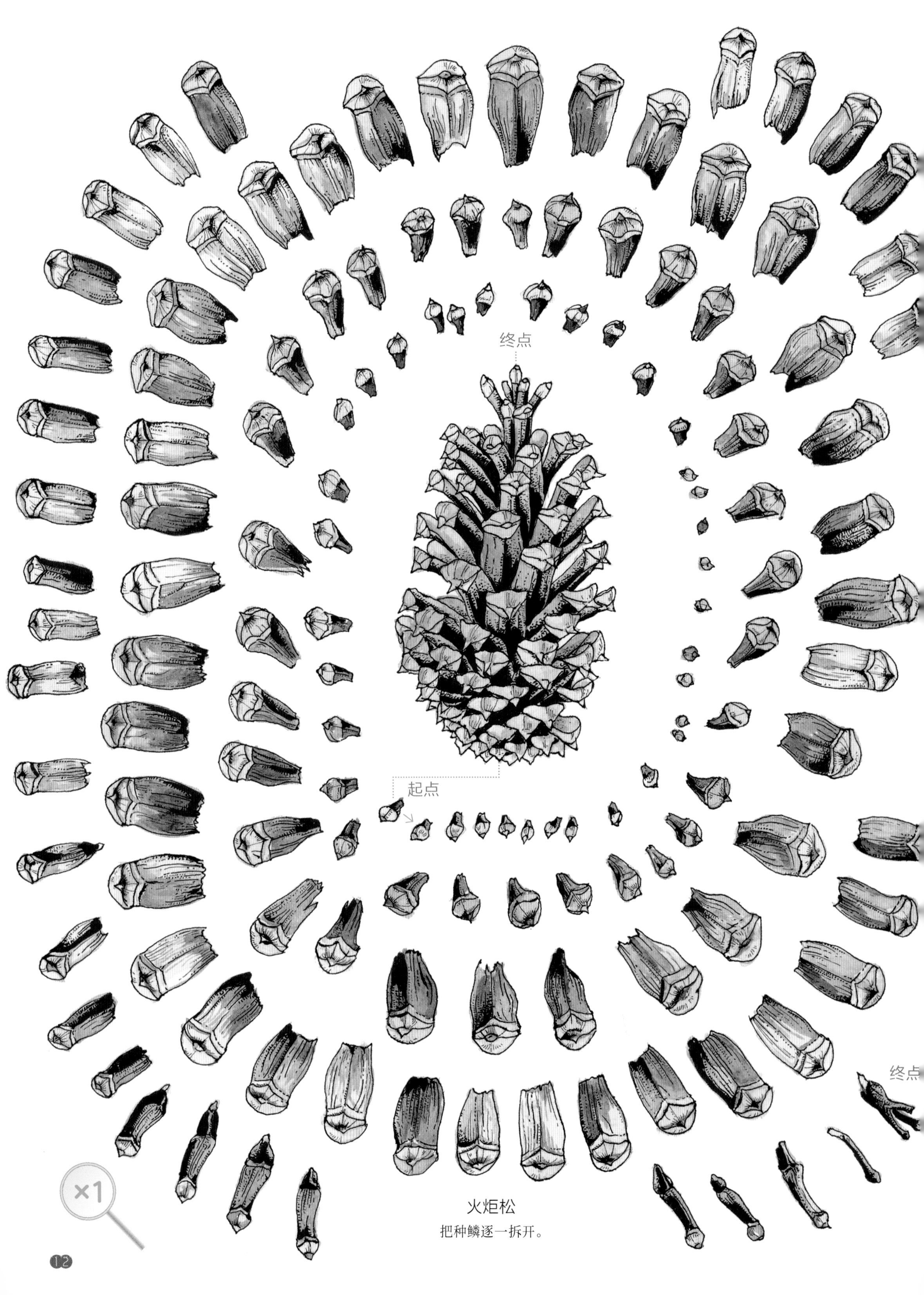

火炬松

把种鳞逐一拆开。

解剖松球

让我们试着将松球逐步拆解。

●各种松球的种鳞

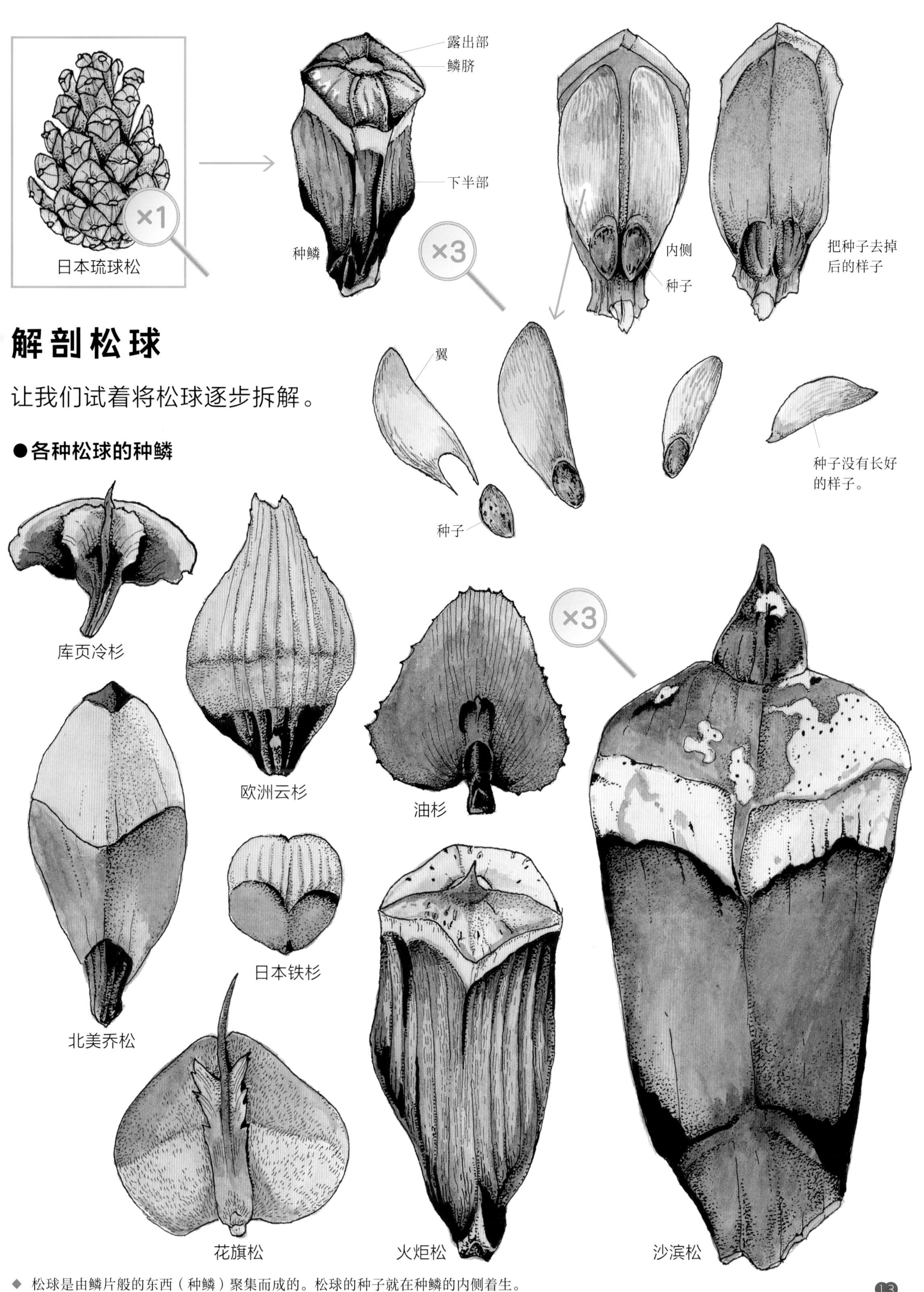

◆ 松球是由鳞片般的东西（种鳞）聚集而成的。松球的种子就在种鳞的内侧着生。

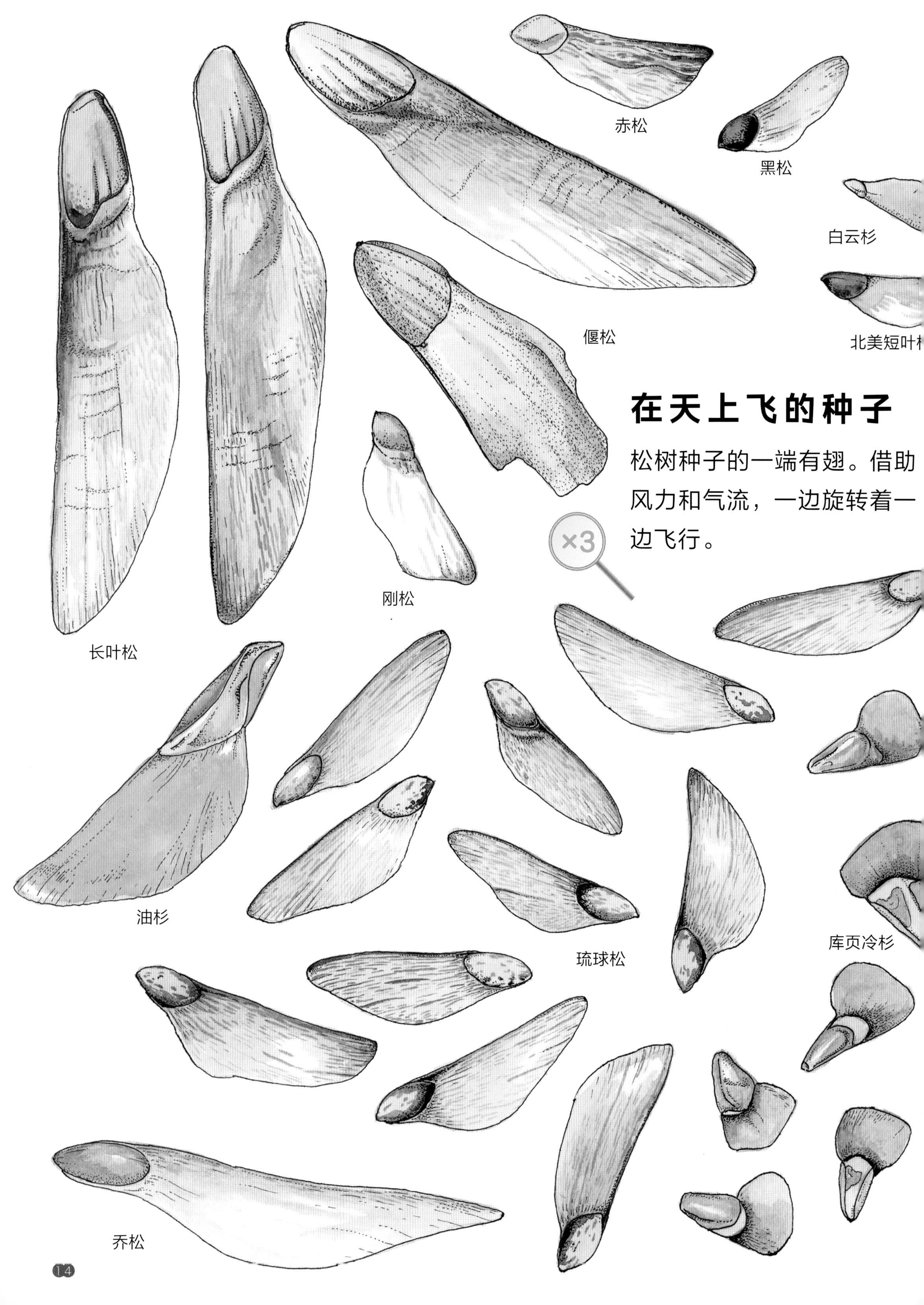

在天上飞的种子

松树种子的一端有翅。借助风力和气流，一边旋转着一边飞行。

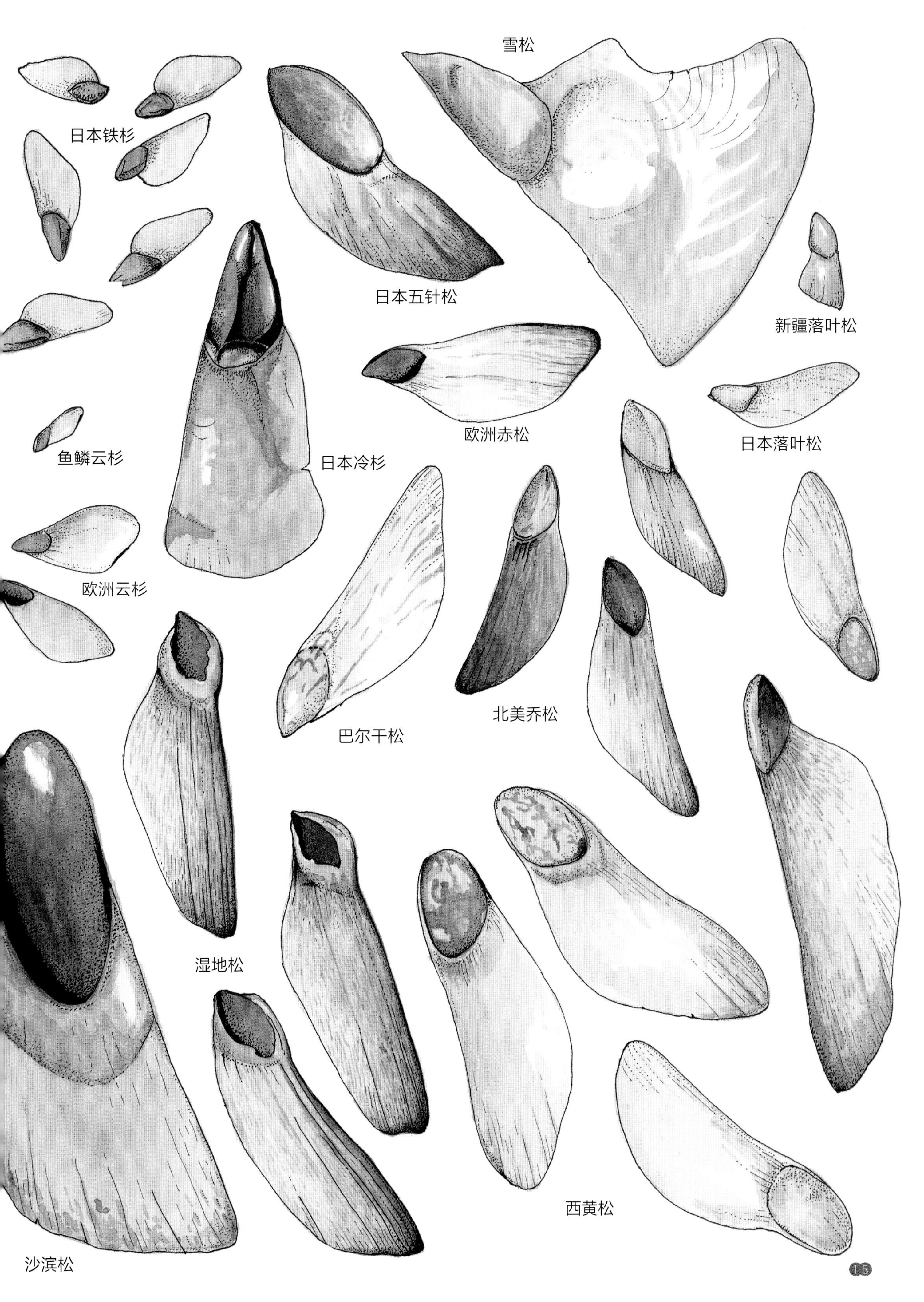
雪松
日本铁杉
日本五针松
新疆落叶松
欧洲赤松
日本落叶松
鱼鳞云杉
日本冷杉
欧洲云杉
北美乔松
巴尔干松
湿地松
西黄松
沙滨松

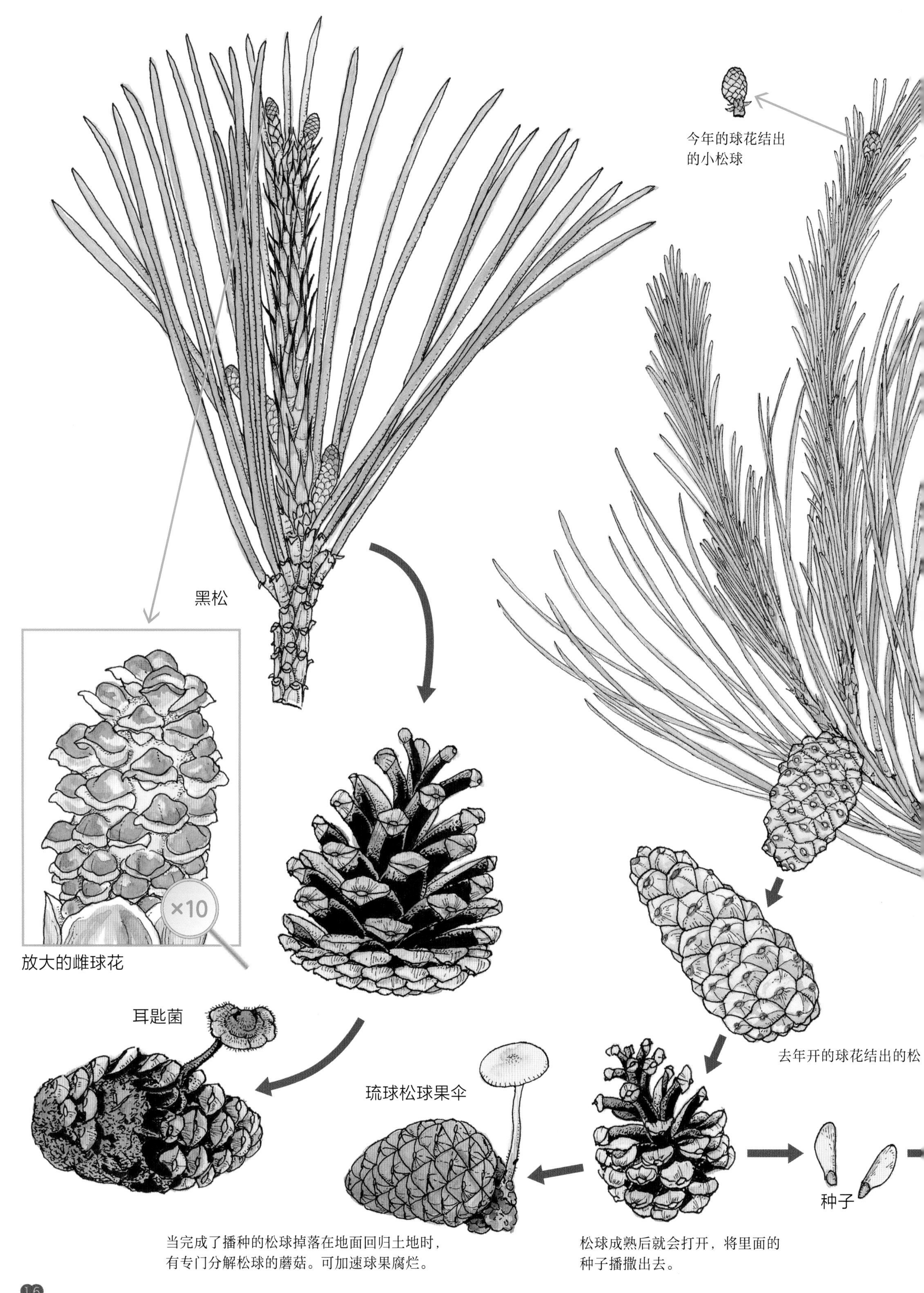
今年的球花结出
的小松球
黑松
放大的雌球花
×10
耳匙菌
琉球松球果伞
去年开的球花结出的松
种子
当完成了播种的松球掉落在地面回归土地时，
有专门分解松球的蘑菇。可加速球果腐烂。
松球成熟后就会打开，将里面的
种子播撒出去。

从球花变成球果

松球的前身是球花。

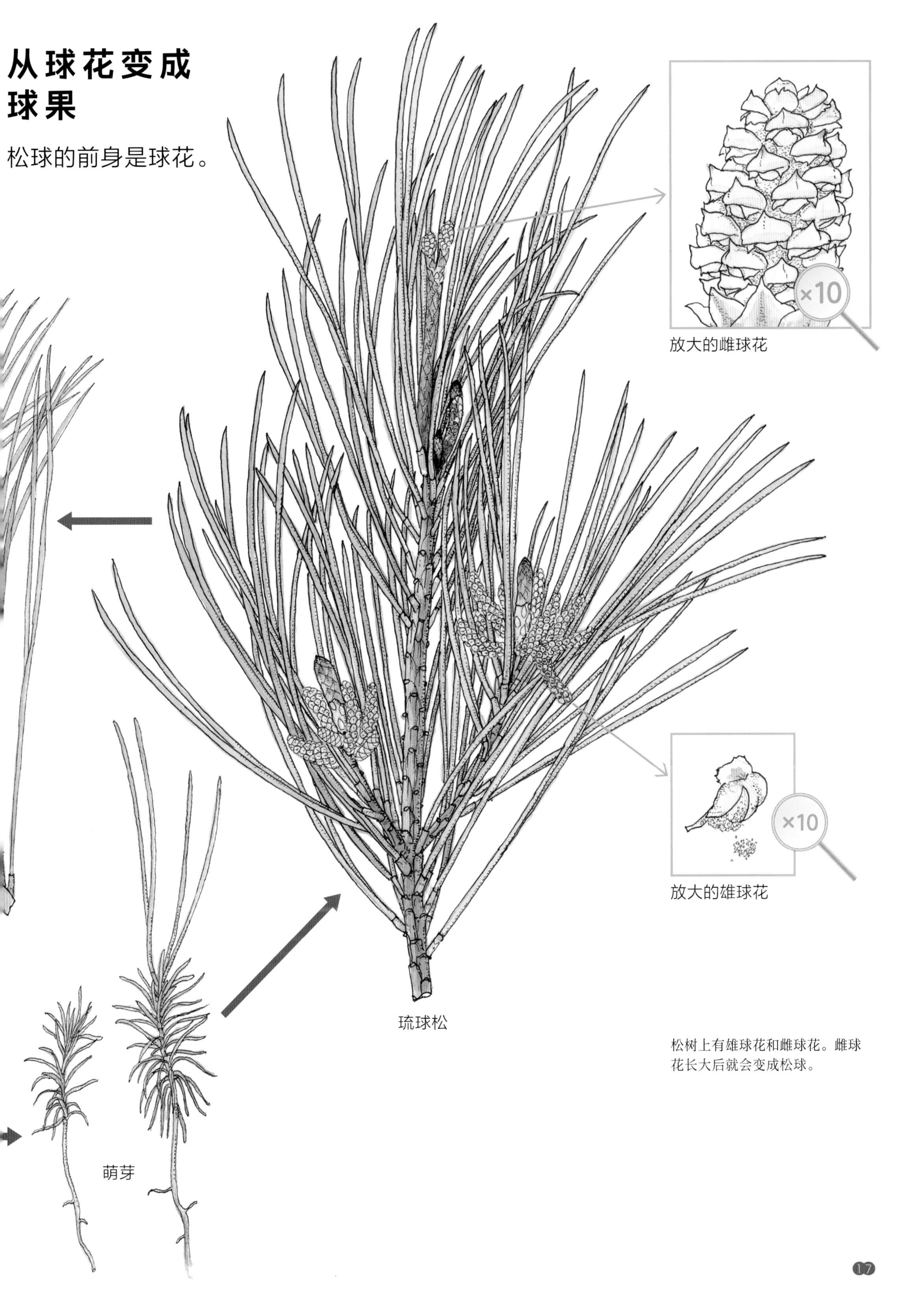

松树上有雄球花和雌球花。雌球花长大后就会变成松球。

四分五裂的松球

有的松球在成熟之后会变得四分五裂。

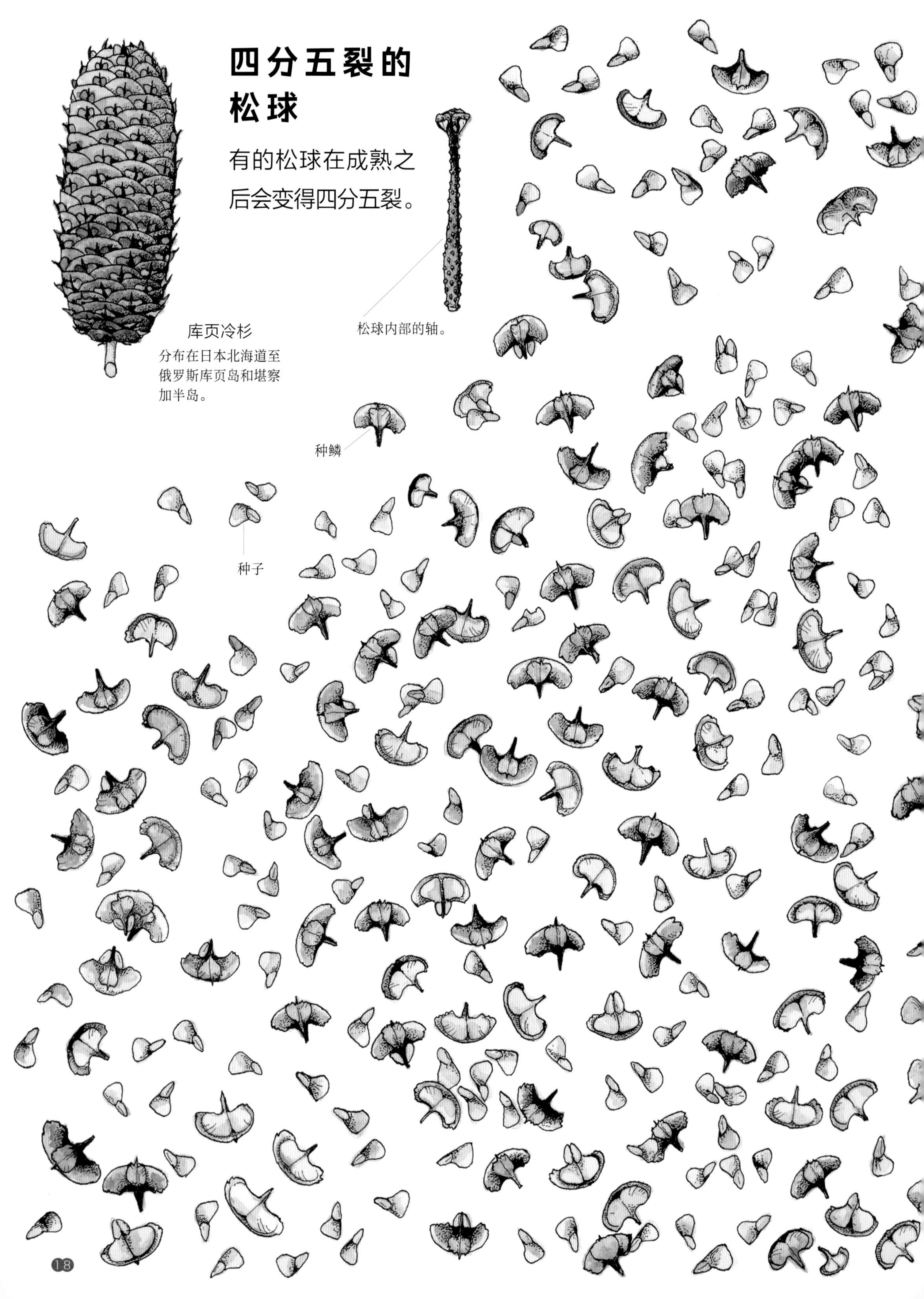

硬邦邦的松球

无论何时都保持原样。有的松球是一直硬邦邦的。

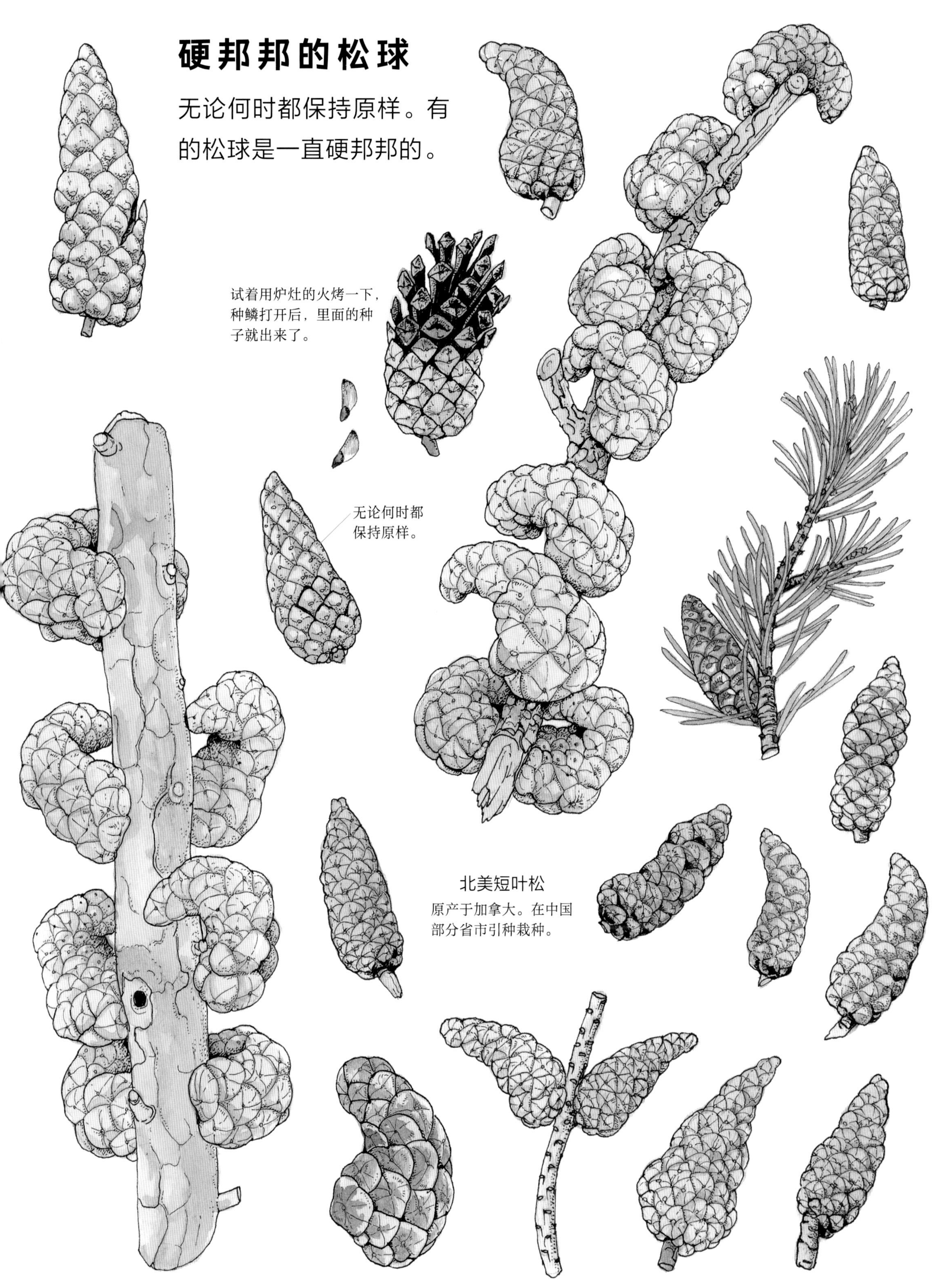

◆通常情况下，成熟的松球会自然打开然后播撒内部的种子，然而北美短叶松的松球却是在山火发生的时候才打开。

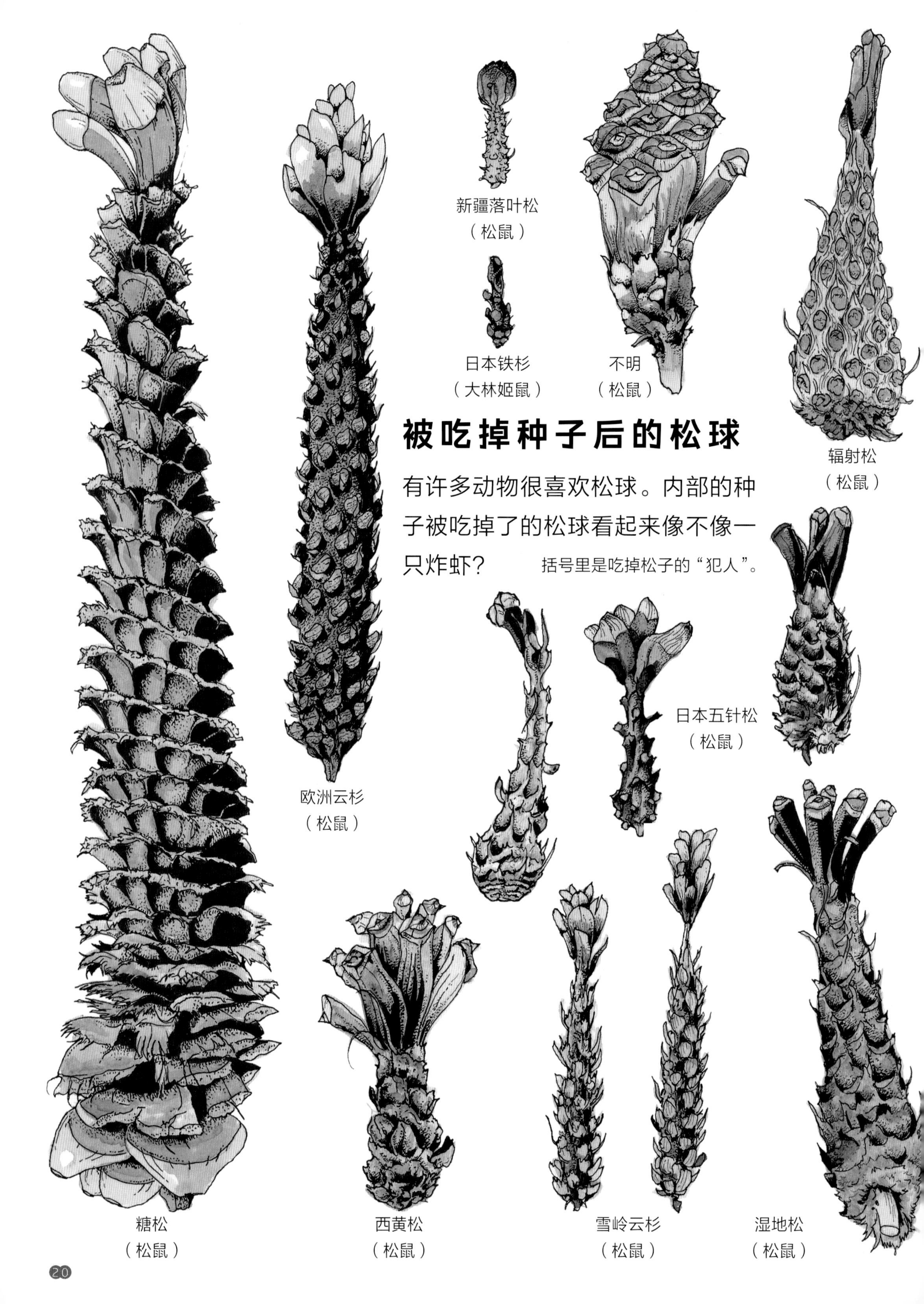

被吃掉种子后的松球

有许多动物很喜欢松球。内部的种子被吃掉了的松球看起来像不像一只炸虾？

括号里是吃掉松子的“犯人”。

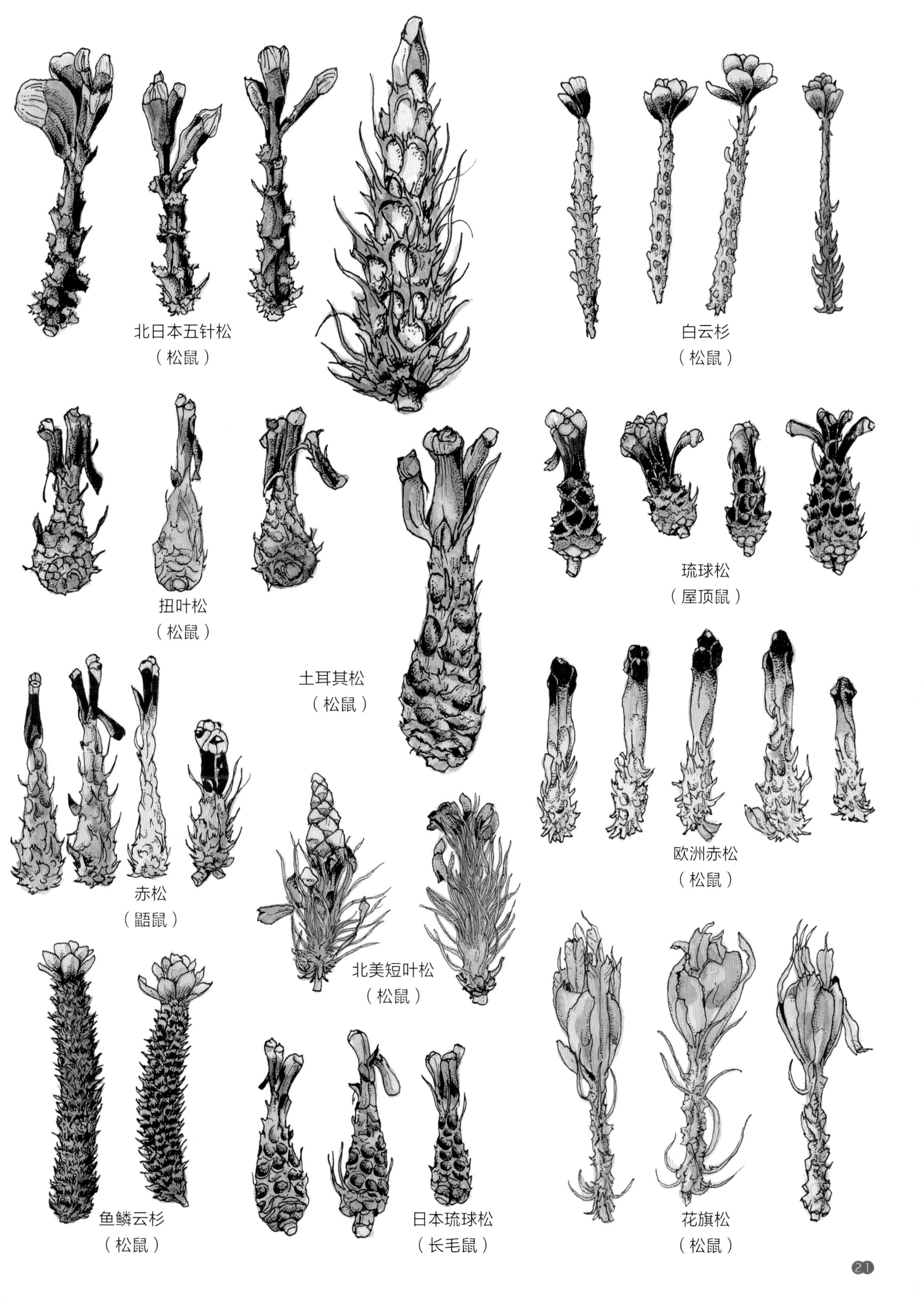
北日本五针松
（松鼠）
白云杉
（松鼠）
扭叶松
（松鼠）
琉球松
（屋顶鼠）
土耳其松
（松鼠）
赤松
（鼯鼠）
欧洲赤松
（松鼠）
北美短叶松
（松鼠）
鱼鳞云杉
（松鼠）
日本琉球松
（长毛鼠）
花旗松
（松鼠）

带刺的松球

不想被动物吃掉！

看，我发现了带刺的大松球。

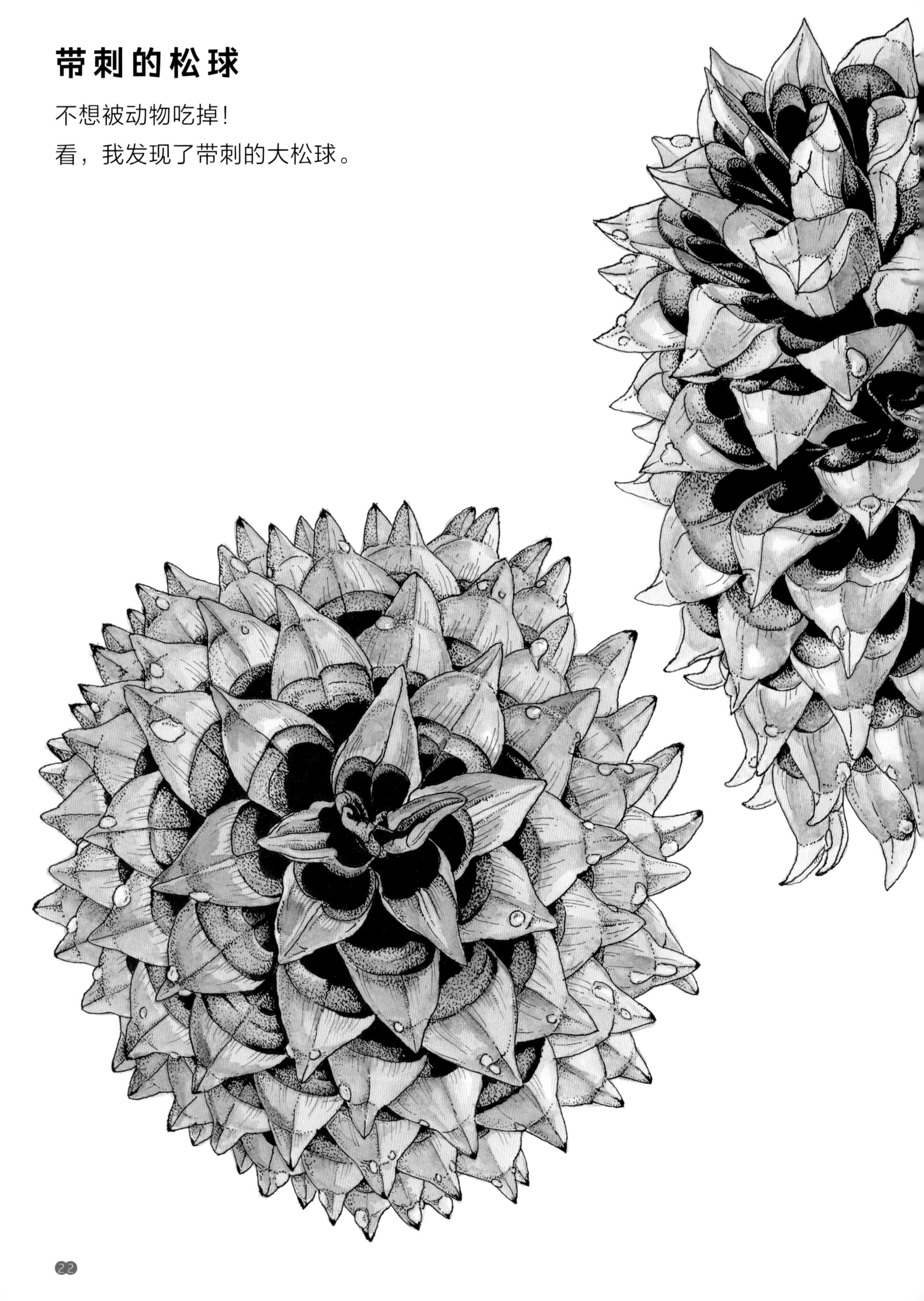

沙滨松

分布于美国加利福尼亚州至墨西哥。
树木本体不是特别高大，但松球很大。
种子也很大，而且松仁还是可食用的。

可以吃的松球

让动物能够食用——也有选择这种生存方式的松球。

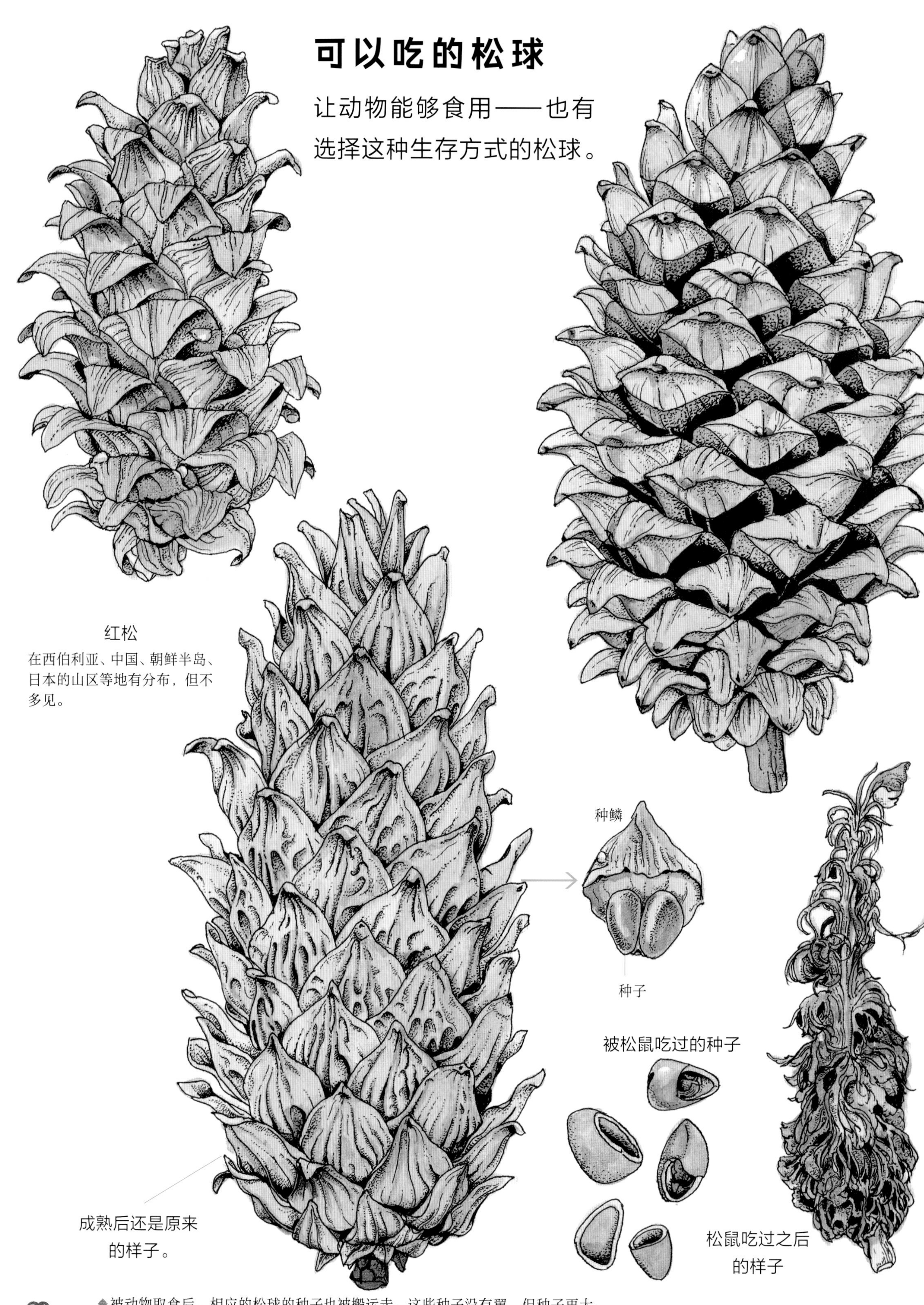

红松

在西伯利亚、中国、朝鲜半岛、日本的山区等地有分布，但不多见。

◆被动物取食后，相应的松球的种子也被搬运走。这些种子没有翼，但种子更大。

●一个松球里储存的种子

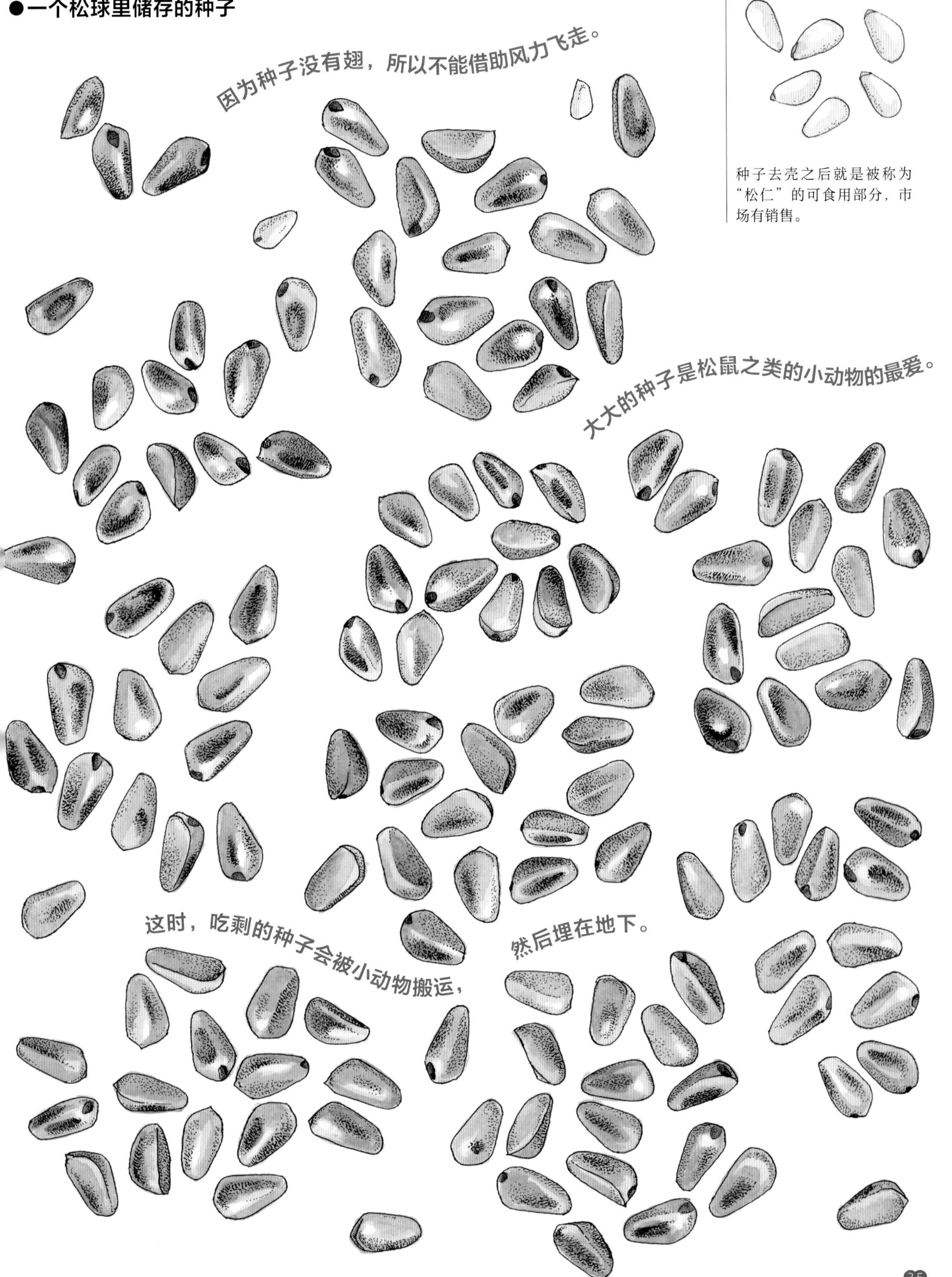

种子去壳之后就是被称为“松仁”的可食用部分，市场有销售。

世界各地的松球

到世界各地去旅行的话，捡到的松球也是不一样的。

●美国的松球

辐射松

分布在美国加利福尼亚州至墨西哥一带。

啄木鸟会在辐射松干枯的树干上凿洞，再把橡子储藏在洞里。
分布在美国加利福尼亚州蒙特雷市周边。

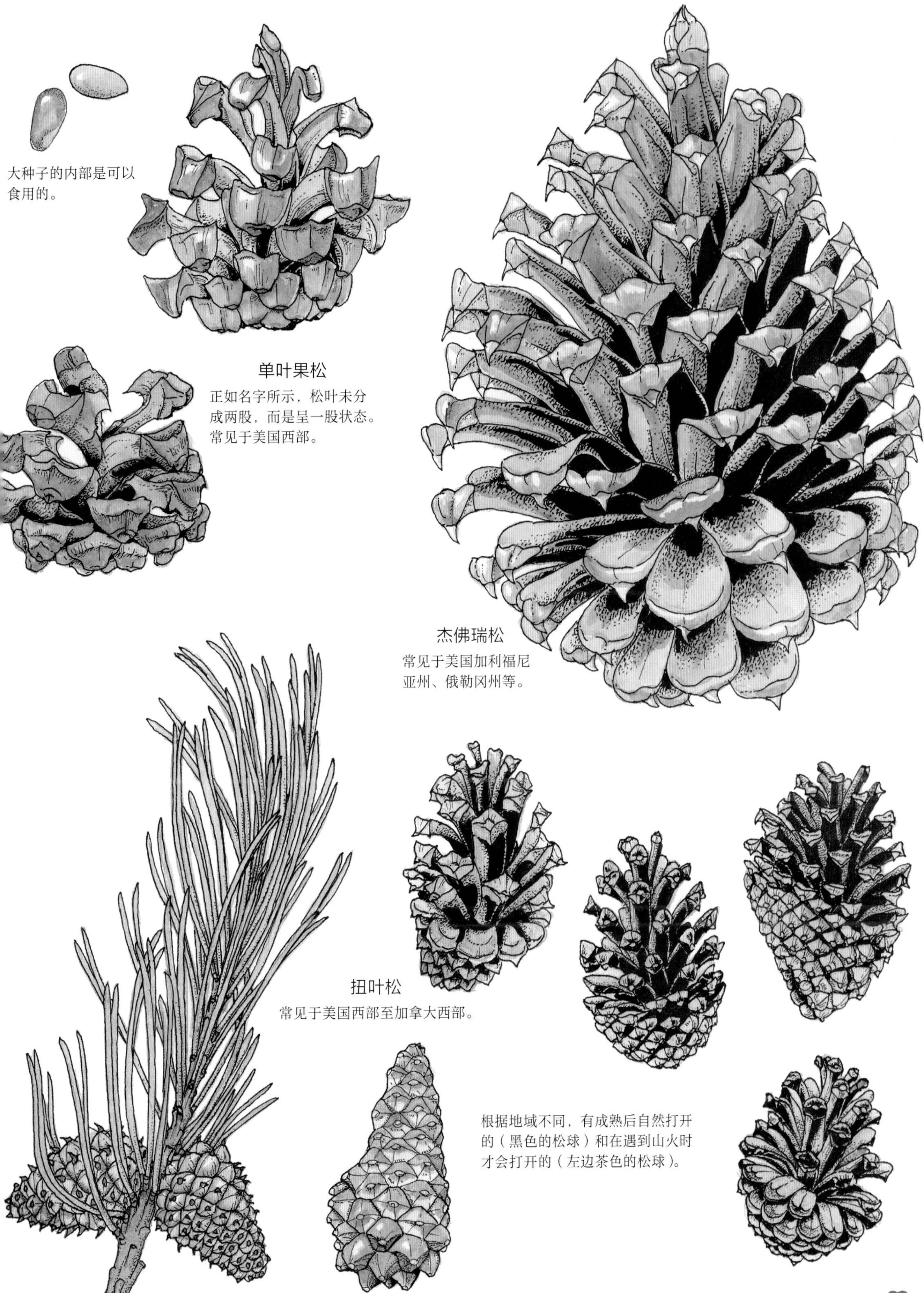
大种子的内部是可以
食用的。
单叶果松
正如名字所示，松叶未分
成两股，而是呈一股状态。
常见于美国西部。
杰佛瑞松
常见于美国加利福尼
亚州、俄勒冈州等。
扭叶松
常见于美国西部至加拿大西部。
根据地域不同，有成熟后自然打开
的（黑色的松球）和在遇到山火时
才会打开的（左边茶色的松球）。

北欧国家的松球

产自圣诞老人故乡的松球。

●芬兰森林中的松球

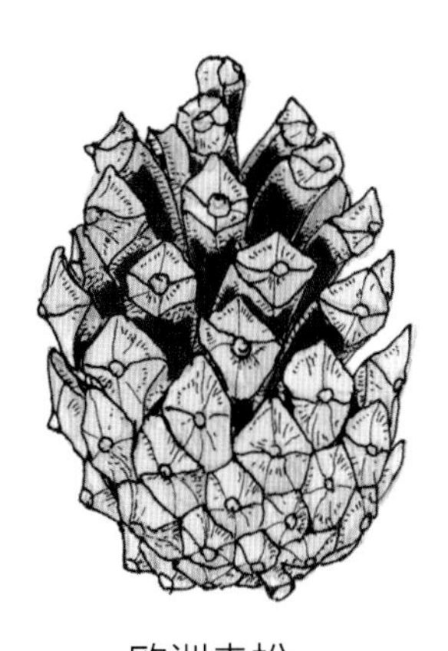

欧洲赤松

主要分布在欧洲至西伯利亚。

在传说中的圣诞老人的故乡芬兰，
广泛分布着有欧洲赤松的森林。

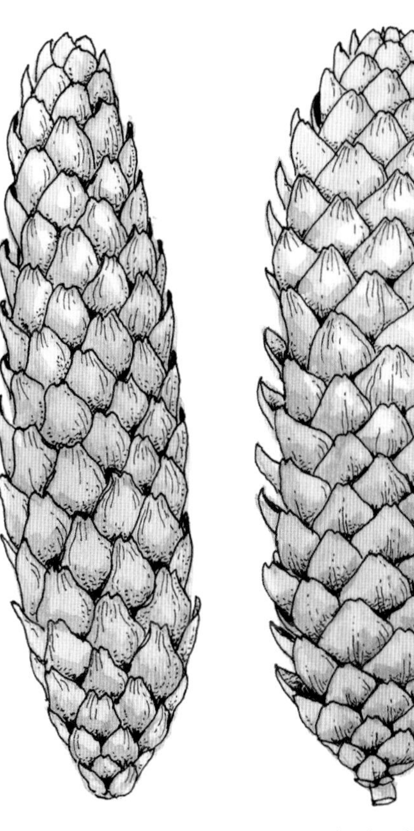

欧洲云杉

原产于欧洲，
在北美和中国也有种植。

新疆落叶松

原产于中国新疆、蒙古、俄罗斯东部。

其他的松球

在世界各地还有
许多种类的松球。

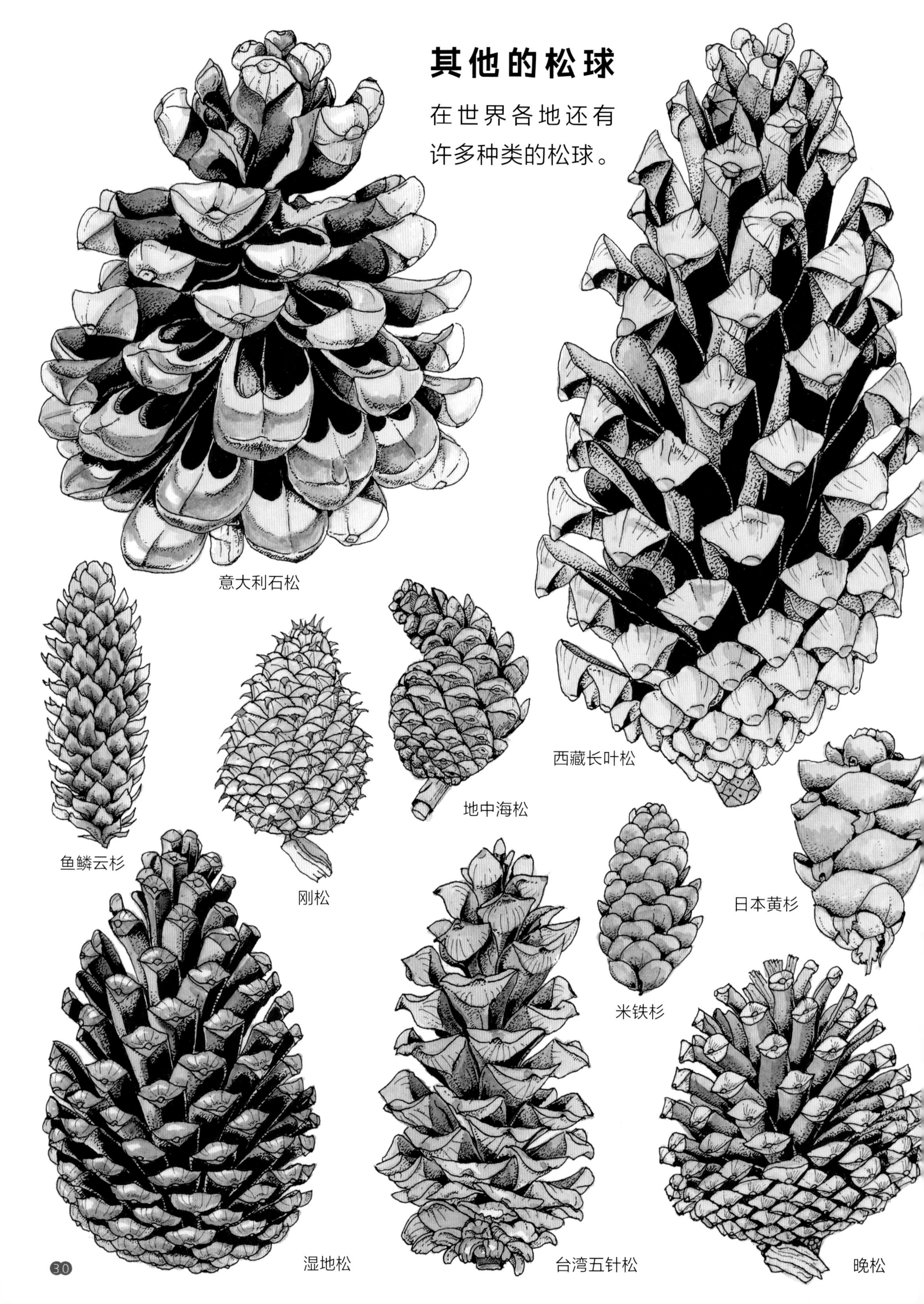

库页云杉
白云杉
奄美岛松
雪松
富士山云杉
偃松
蓝叶云杉
油杉
日本五针松
海岸松
巴尔干松
花旗松
欧洲黑松

松球的种类实在是太多太多了！找到不同的松球是非常开心的事情。

1. 西藏长叶松　2. 米铁杉　3. 波士尼亚松　4. 日本琉球松
5. 日本五针松　6. 刚松　7. 波士尼亚松　8. 花旗松　9. 日本五针松
10. 白皮松　11. 西黄松　12. 赤松　13. 油杉　14. 富士山云杉　15. 地中海松　16. 扭叶松

版权贸易合同登记号　图字：01-2022-1807

图书在版编目（CIP）数据
盛口满　大自然太有趣啦. 带翅膀的小松球 /（日）盛口满著、绘；郭昱译. --北京：电子工业出版社，2022.8
ISBN 978-7-121-43510-2

Ⅰ.①盛…　Ⅱ.①盛…　②郭…　Ⅲ.①自然科学－少儿读物　Ⅳ.①N49

中国版本图书馆CIP数据核字（2022）第088398号

责任编辑：苏　琪
印　　刷：北京利丰雅高长城印刷有限公司
装　　订：北京利丰雅高长城印刷有限公司
出版发行：电子工业出版社
　　　　　北京市海淀区万寿路173信箱　邮编：100036
开　　本：889×1194　1/16　　印张：8　字数：68千字
版　　次：2022年8月第1版
印　　次：2023年7月第3次印刷
定　　价：159.00元（全4册）

凡所购买电子工业出版社图书有缺损问题，请向购买书店调换。
若书店售缺，请与本社发行部联系，联系及邮购电话：（010）88254888，88258888。
质量投诉请发邮件至zlts@phei.com.cn，盗版侵权举报请发邮件至dbqq@phei.com.cn。
本书咨询联系方式：（010）88254161转1882，suq@phei.com.cn。